BEI GRIN MACHT SICH IHR WISSEN BEZAHLT

- Wir veröffentlichen Ihre Hausarbeit,
  Bachelor- und Masterarbeit

- Ihr eigenes eBook und Buch -
  weltweit in allen wichtigen Shops

- Verdienen Sie an jedem Verkauf

Jetzt bei www.GRIN.com hochladen
und kostenlos publizieren

Meike Weber

Unterrichtliche Umsetzung der Sensorik in der Handhabungstechnik mit Festo Robotino®

In einer Systeminformatiker-Oberstufenklasse im Lernfeld 10 unter dem besonderen Aspekt der arbeitsteiligen Projektarbeit

GRIN Verlag

Bibliografische Information der Deutschen Nationalbibliothek:

Die Deutsche Bibliothek verzeichnet diese Publikation in der Deutschen National-
bibliografie; detaillierte bibliografische Daten sind im Internet über http://dnb.d-
nb.de/ abrufbar.

Impressum:

Copyright © 2010 GRIN Verlag GmbH
Druck und Bindung: Books on Demand GmbH, Norderstedt Germany
ISBN: 978-3-656-23242-1

Dieses Buch bei GRIN:

http://www.grin.com/de/e-book/197016/unterrichtliche-umsetzung-der-sensorik-
in-der-handhabungstechnik-mit-festo

Institut für Qualitätsentwicklung
an Schulen in Schleswig-Holstein

Schriftliche Hausarbeit zum Zweiten Staatsexamen
im Fach Elektrotechnik

gemäß §12 der Landesverordnung über die Ordnung des Vorbereitungsdienstes
und die Zweiten Staatsprüfungen für Lehrkräfte (OVP) vom 22.April 2004

Unterrichtliche Umsetzung der Sensorik in der Handhabungstechnik mit Festo Robotino® in einer Systeminformatiker - Oberstufenklasse im Lernfeld 10 unter dem besonderen Aspekt der arbeitsteiligen Projektarbeit

vorgelegt von:

Meike Weber

Abgabetermin:
07.05.2010

Inhaltsverzeichnis

1 Problemstellung..1

1.1 Bezug zum Modul 2

1.2 Bezug zu den Ausbildungsstandards..2

1.3 Vorstellung der Leitfrage...3

1.4 Vorstellung der Unterrichtsziele..3

2 Unterrichtspraxis..4

2.1 Didaktische Überlegungen...4

2.1.1 Curriculare Vorgaben..4

2.1.2 Einbindung der Einheit in den laufenden Unterricht 4

2.1.3 Rahmenbedingungen 5

2.1.4 Zur Klasse...5

2.2 Methodische Überlegungen...5

2.2.1 Planung der Unterrichtseinheit..5

2.2.2 Bewertung der arbeitsteiligen Projektarbeit...8

2.3 Verlauf der Unterrichtseinheit..9

3 Evaluation und persönliches Resümee...9

3.1 Methoden der Evaluation...9

3.2 Ergebnisse und Auswertung..10

3.3 Überprüfung der Leitfrage und der Unterrichtsziele...14

3.4 Persönliches Resümee und Schlussfolgerungen für die Unterrichtspraxis.............15

Literaturverzeichnis..17

Tabellenverzeichnis

Tabelle 1: Geplanter Verlauf der Unterrichtseinheit...6

Tabelle 2: Ergebnisse zur Frage „Das hat mir besonders gut oder gar nicht
gefallen:"..13

Abbildungsverzeichnis

Abbildung 1: Robotino®..5

Abbildung 1: Robotino® 5

Abbildung 2: Bewertungsraster Arbeitsprozess...8

Abbildung 3: Auswertung der Items des Fragebogens................................11

1   Problemstellung

Voranschreitende wirtschaftliche und technologische Entwicklungen begründen Veränderungen in der Organisationsentwicklung der Unternehmen und damit die Veränderungen in der Arbeitsorganisation jedes einzelnen Arbeitnehmers. Diese Veränderungen erfordern bei den Beschäftigen Kenntnisse über die Prozesse bei der Abwicklung von Kundenaufträgen. Jugendliche, die heute eine Berufsausbildung abschließen, müssen daher nicht nur mit fundierter Fachkompetenz ausgestattet sein, sondern auch auf eine solide Ausbildung ihrer persönlichen Kompetenzen bauen können, damit sie auch zukünftig geforderte Qualifikationen erlernen können.

„Die Berufsausbildung hat die für die Ausübung einer qualifizierten beruflichen Tätigkeit in einer sich wandelnden Arbeitswelt notwendigen beruflichen Fertigkeiten, Kenntnisse und Fähigkeiten (berufliche Handlungsfähigkeit) in einem geordneten Ausbildungsgang zu vermitteln. Sie hat ferner den Erwerb der erforderlichen Berufserfahrungen zu ermöglichen". (BMBF 2005, Teil I, §1, Abs. 3, S. 4)

Die Herausbildung beruflicher Handlungsfähigkeit ist das Leitziel der beruflichen Bildung (vgl. auch KMK 2003, 4), die neben beruflichen Fertigkeiten und Kenntnissen auch die beruflichen Fähigkeiten, sich in einer wandelnden Arbeitswelt zurechtzufinden, mit einschließt. Durch die Berufsausbildung soll eine reflexive Handlungsfähigkeit, die über die reine Qualifikationsaneignung hinaus geht (vgl. Gerlach 2008, S. 1), herausgebildet werden. Dabei wird Reflexivität in diesem Fall als die bewusste, kritische und verantwortungsvolle Einschätzung und Bewertung von Handlungen basierend auf Erfahrungen und Wissen verstanden. Auch laut Lehrplan soll im Unterricht, *„eine Berufsfähigkeit [vermittelt werden], die Fachkompetenz mit allgemeinen Fähigkeiten humaner und sozialer Art verbindet"* (KMK 2003, S. 4).

Dieses Ziel erfordert eine Pädagogik, welche die Handlungsorientierung betont, und Lernsituationen, die eine vollständige Handlung abdecken. Zu einer vollständigen Handlung gehört neben dem Planen und dem Durchführen auch die Beurteilung der Arbeit (Reflexivität). Solch eine vollständige Handlung zeigt sich idealtypischer Weise bei der Projektarbeit[1].

Aufgrund dieser Überlegungen liegt dieser Hausarbeit ein vollständiger Arbeitsprozess über 16 Unterrichtsblöcke zugrunde, bei dem die Gestaltungskompetenz der Schülerinnen und Schüler[2] gefördert werden soll. Denn erst, wenn die berufliche Handlungsfähigkeit zu einer umfassenden Gestaltungskompetenz erweitert wird, indem neben der Berufswelt auch die Lebenswelt einbezogen (vgl. Rauner 2006) und somit neben der Fachkompetenz auch die Sozial- und Personalkompetenzen ausgebildet werden, kann der Wandel der Arbeitswelt bewältigt werden.

Die Veränderungen der Arbeitsorganisation haben die Forderung der Unternehmen nach Projektkompetenzen[3] mit sich gebracht (vgl. Kassner 2009, S. 16). In immer mehr Arbeitsbereichen wird in Projekten gearbeitet und fast immer wird Arbeit heute in Teams durchgeführt. Technische Entwicklungen sind aufgrund ihrer Komplexität heute meistens das Produkt des Projektes eines Teams, in dem mit Hilfe unterschiedlicher Spezialisierungen arbeitsteilig gearbeitet wird. Trotzdem ist der Projektgedanke in der Pädagogik nicht neu. Seit der Grundlegung des amerikanischen Pädagogen Dewey[4] (1859-1952) hält die Projektarbeit immer mehr Einzug in den schulischen Kontext und ist als handlungsorientierte Unterrichtsmethode etabliert. *„Projektunterricht steht bei allen Formen handlungsorientierter schulischer Lernarbeit, die sich am Kriterium der Ganzheitlichkeit menschlichen Lernens orientieren, ganz oben an."* (Gudjons 2001, S. 113) Die Definition von projektorientiertem Lernen von Frey gibt den Projektgedanken der Pädagogik sehr passend wieder und verdeutlicht, dass das „Handeln-Lernen" im Mittelpunkt steht:

---

[1] In der berufspädagogischen Literatur werden neben dem Begriff Projekt auch die Begriffe Projektkompetenz, projektorientiertes Lernen, Projektmethode, Projektarbeit und Projektunterricht verwendet, um den Unterricht in der Berufsschule, der sich mit Projekten befasst, zu umschreiben. Auch ich werde diese Begriffe nebeneinander verwenden.

[2] Für eine bessere Lesbarkeit wird im Folgenden das generische Maskulinum verwendet.

[3] Für eine nähere Erläuterung von Projektkompetenzen vgl. Kassner 2009, S. 18

[4] vgl. Dewey, J./Kilpatrick, W.H.: Der Projektplan. Grundlegung und Praxis. Weimar 1935

„Die Projektmethode ist ein Weg zur Bildung. Sie ist eine Form der lernenden Betätigung, die bildend wirkt. Entscheidend dabei ist, dass sich die Lernenden ein Betätigungsgebiet vornehmen, sich darin über die geplanten Betätigungen verständigen, das Betätigungsgebiet entwickeln und die dann folgenden verstärkten Aktivitäten im Betätigungsgebiet zu einem sinnvollen Ende führen. Oft entsteht ein vorzeigbares Produkt." (Frey 2007, S. 14)

Gerade in der gewerblich-technischen Berufsausbildung ist diese Methode aus den oben dargelegten Veränderungen in der Arbeitswelt von zentraler Bedeutung. In der Unterrichtssequenz gestalten und absolvieren die Schüler daher die Phasen einer Projektarbeit. Gerlach (2008, S.2) stützt meine eigenen Beobachtungen, dass Schülern nicht oder nur sehr vage bewusst ist, warum sie selbstständig lernen sollen oder warum gewerblich-technischer Unterricht gegenwärtig versucht, das „Know-how-to-know" zu fördern. Wenn Schüler eigene Wege im Lernprozess gehen und die verschiedenen Arbeitsschritte innerhalb eines Arbeitsprozesses dabei für sie transparent sind, wird die Möglichkeit für den Erwerb weiterer wichtiger Kompetenzen neben der Fachkompetenz eröffnet.

Die Fachkompetenz darf bei der Ausbildung von Facharbeitern trotz Forderungen nach Schlüsselqualifikationen nicht vernachlässigt werden. Das Lernfeld 10 hat im Ausbildungsberuf Systeminformatiker die Mikrocontrollertechnik und damit die Signal- und Datenerfassung und deren Verarbeitung zum Hauptgegenstand. Letztes Jahr hat das Regionale Berufsbildungszentrum Technik (RBZ-T) Kiel den Roboter Robotino® der Firma Festo Didaktik angeschafft, um ihn für verschiedene Ausbildungsberufe oder Vollzeitschulformen im Unterricht einzusetzen. Da Robotino® verschiedene Sensoren besitzt und mehrere Möglichkeiten der Programmierung bietet, möchte ich diesen Roboter im Rahmen dieser Hausarbeit erstmals an dieser Schule einsetzen. Dabei umfasst der Arbeitsprozess die Entwicklung von Einsatzmöglichkeiten des Robotinos® zur Wartung der Zwischenräume eines Doppelhüllentankers, indem die Sensoren und Funktionen des Roboters selbstständig erarbeitet werden, und die Realisierung einer geeigneten Steuerung.

1.1 Bezug zum Modul

Die Hausarbeit wird im Rahmen der Modulreihe „Die Planung, Umsetzung und Reflexion von Unterrichtseinheiten für lernfeldorientierte Berufe in der Fachrichtung Elektrotechnik" angefertigt. Im Wesentlichen geht es in dieser Modulreihe darum, die curricularen Vorgaben berufsbezogen zu gestalten. Dazu werden unterschiedliche Ansätze zur Umsetzung der Lernfelder (vlg. z.B. Bader 2003; Petersen 2005) erprobt und diskutiert. Allen Ansätzen gemein ist der geforderte Berufs- und Arbeitsbezug des Unterrichts. Auch vor dem Hintergrund der sich wandelnden Arbeitswelt wurde über diese Anforderung am meisten diskutiert. Die Zweifel von Lehrkräften, die auch Gerlach (2008, S. 2) in ihrem Artikel dokumentiert hat, dass die in den Rahmenlehrplänen festgelegten Lernziele auch mit einem schülerzentrierten Unterricht erreicht werden können, kamen auch in der Diskussion zum Vorschein. Bestärkt wurde dieses Argument durch die empfundene fehlende Möglichkeit einer Bewertung der methodischen, sozialen und personalen Kompetenzen. In der vorgestellten Unterrichtsreihe wurde daher ein Bewertungskonzept für Projektarbeiten entwickelt, eingesetzt und evaluiert.

1.2 Bezug zu den Ausbildungsstandards

In den allgemeinen Ausbildungsstandards (vgl. IQSH 2004, S.7f) heißt es zur Planung, Durchführung und Evaluation von Unterricht, dass die Lehrkraft in Ausbildung (LiA) den Unterricht entsprechend den Vorgaben der Lernfelder (Arbeits- und Geschäftsprozesse) gestaltet (Nr.4). Zusätzlich bezieht die LiA Lernende aktiv in die Gestaltung von Unterricht ein (Nr. 6), macht Lernenden die Bewertungskriterien transparent (Nr.12) und beurteilt die Leistungen nach kompetenzbezogenen Kriterien (Nr. 13). Nicht zuletzt evaluiert die LiA den eigenen Unterricht systematisch unter Einbeziehung der Lernenden (Nr. 14), reflektiert zusätzlich den Unterricht Kriterien geleitet mit Kolleginnen und Kollegen (Nr. 18) und zieht Konsequenzen aus der Reflexion (Nr.25).

Mit Blick auf die Fachrichtungsstandards (vgl. IQSH 2004, S. 95) berücksichtigt diese Hausarbeit, dass die LiA die betrieblichen Gegebenheiten berücksichtigt (Nr. 3) und erreicht, dass Lernende die Arbeit unter dem Aspekt des Mitarbeitereinsatzes gestalten (Nr 14). Bei der Gestaltung des Unterrichts plant die LiA nach den Grundsätzen der Lerntheorien und orientiert sich an dem lernfeldorientierten Ansatz (Nr. 4) und bahnt die Selbststeuerung der Lernprozesse durch die Auszubildenden an, um diese auf lebenslanges Lernen vorzubereiten (Nr.6).

1.3 Vorstellung der Leitfrage

Vor dem Hintergrund einer sich stetig verändernden Arbeitswelt und den daraus resultierenden Anforderungen an die Auszubildenden während und nach ihrer Ausbildung, möchte ich die Auszubildenden motivieren, sich neben den fachlichen Inhalten insbesondere auch Kenntnisse über den Ablauf und die Arbeit im Projekt anzueignen. Daher ergibt sich für die Hausarbeit die folgende Leitfrage:

Ist der geplante Einsatz des Roboters Robotino® in einer arbeitsteiligen Projektarbeit für den Ausbildungsberuf des Systeminformatikers zur Festigung der Sensortechnik und zur Herausbildung von Projektkompetenz geeignet?

Durch diese Leitfrage werden zwei Aspekte zur Untersuchung abgedeckt. Als erstes ist es für mich und meine Kollegen an der Schule wichtig zu wissen, inwieweit der Roboter für die Ausbildung des Ausbildungsberufs Systeminformatiker geeignet ist. In der Nachbetrachtung können eventuell weitere Ausbildungsberufe oder Vollzeitschulformen benannt werden, die ebenfalls mit dem Roboter lernen könnten, damit der Einsatz des Roboters an der Schule ausgeweitet werden kann.

Als zweites ist zu untersuchen, ob der Aufbau der Unterrichtseinheit mit der arbeitsteiligen Projektarbeit und dem Einsatz des Roboters für die im folgenden Kapitel dargestellten angestrebten Lernziele der Unterrichtseinheit erneut so durchgeführt werden könnte.

1.4 Vorstellung der Unterrichtsziele

Ziel dieser Unterrichtseinheit ist die Ausprägung, Erweiterung und Vertiefung der Gestaltungskompetenz, die sich in den Dimensionen von Fachkompetenz, Methodenkompetenz, Personalkompetenz und Sozialkompetenz entfaltet. Diese Dimensionen werden in dieser Unterrichtseinheit durch das Erreichen der unten aufgelisteten Ziele angesprochen. Aus der Leitfrage ergeben sich vor allem die Zielformulierungen für die Fach- und Methodenkompetenz, die in der vorgestellten Unterrichtseinheit durch die Konzentration auf die Projektkompetenz einen Schwerpunkt bilden. Dabei stützen sich einige Ziele auf die Formulierungen des Lernfeldes 10 (vgl. KMK 2003, S. 18).

<u>Fachkompetenz</u>
Die Schüler
- erweitern und vertiefen ihre Kenntnisse im Bereich der Sensorik, indem sie die programmierbaren Komponenten des Robotino® analysieren und in ihrer Funktion erweitern.
- erarbeiten sich das Programm Robotino®View, um den Robotino® steuern zu können.

<u>Methodenkompetenz</u>
Die Schüler
- erkennen die Phasen der Projektarbeit durch ihre Anwendung als logische Abfolge für die Arbeitsplanung.
- erstellen eine umfassende und reflektierende Dokumentation ihrer Arbeit.

<u>Sozialkompetenz</u>
Die Schüler
- arbeiten mit ihren Mitschülern in Teams.
- stimmen sich in der Phase der arbeitsteiligen Projektarbeit mit anderen Gruppen ab.
- schulen ihre Mitschüler in einer von ihrem Team erarbeiteten Technik.

<u>Personalkompetenz</u>
Die Schüler
- sind durch die eigenverantwortliche Organisation ihrer Projektarbeiten auf weitere Projektarbeiten in der Schule und im Betrieb vorbereitet.
- reflektieren ihre eigene Arbeit innerhalb des Projektteams.

2   Unterrichtspraxis

Im Folgenden wird die Unterrichtseinheit vorgestellt und didaktisch (Kapitel 2.1) sowie methodisch (Kapitel 2.2) begründet. Im Anschluss daran werden Auszüge aus dem tatsächlichen Verlauf (Kapitel 2.3) beschrieben.

2.1 Didaktische Überlegungen

2.1.1   Curriculare Vorgaben

Die Forderung des Lehrplans nach Berufs- und Arbeitsbezug (KMK 2003, S. 5) soll durch die Einbettung des Unterrichts in einen berufstypischen Arbeitsprozess erfüllt werden. Die Rechnungsstellung und die Kalkulation des Budgets, die einen Geschäftsprozess vervollständigen würde, lasse ich aus zeitlichen Gründen unberücksichtigt. Der Arbeitsprozess wird durch eine Problemstellung initiiert und mithilfe der Phasen eines Projektes durchlaufen. Damit löst die Unterrichtseinheit die Forderung des Lehrplans nach projektorientierten berufstypischen Aufgabenstellungen ein (KMK 2003, S. 7).

Wie in der Problemstellung dargelegt, steht bei der Projektmethode das „Handeln-Lernen" im Mittelpunkt. Genau dieses „Handeln-Lernen" ist es, was die geforderte Gestaltungskompetenz von Rauner (2006) ausmacht und was der Lehrplan mit der gedanklichen Durchdringung beruflicher Arbeit als Voraussetzungen für das Lernen in und aus der Arbeit meint (vgl. KMK 2003, S. 5). Die Planung, Durchführung und Beurteilung (Reflexivität) der Betätigungen auf einem bestimmten Gebiet ist bei einem Projektunterricht das Bildende. Dabei kann der Projektunterricht in der Schule nie ganz in den Berufsalltag übernommen werden, da einige Einflussfaktoren wie z.B. der Kostenfaktor nicht vorhanden sind. Trotzdem sollte gerade bei der Planung eines Projektunterrichts im gewerblich-technischen Berufsschulunterricht eine möglichst hohe Korrelation angestrebt werden, um vor allem die Organisationsstrukturen einer Projektarbeit zu verdeutlichen.

Aus dem Lernfeld 10 (Hard- und Softwarekomponenten integrieren und im System testen) werden vor allem die folgenden Inhalte mit der Unterrichtseinheit angesprochen: Signal- und Datenerfassung, Programmierbare Logik, Mikrocontroller, Digitalsignalprozessoren und Interfacetechnik. Durch die Darstellung der Funktionen des Roboters Robotino® im Kapitel 2.1.3 wird die Eignung für die Umsetzung dieser Inhalte begründet.

2.1.2 Einbindung der Einheit in den laufenden Unterricht

Am RBZ-T werden die Systeminformatiker im zweiwöchigen Blockunterricht beschult. In diesem Halbjahr ist laut Lehrplan das Lernfeld 10 abzuschließen und mit den Lernfeldern 11 und 12 zu beginnen. Bisher wurden im letzten Halbjahr im Lernfeld 10 die Mikrocontroller ATmega32 und ATmega128 eingesetzt, um z.B. Zugriffe auf Bussysteme wie I²C zu programmieren, so dass auf Erfahrungen mit Mikrocontrollerprogrammierung und Sensortechnik zurückgegriffen werden kann. Die vorgestellte Unterrichtseinheit findet im letzten zwei-Wochen-Block des Lernfeldes 10 statt und wird das Lernfeld abschließen. Um den gesamten geplanten Arbeitsprozess in einem Block unterbringen zu können, werden die Unterrichtsstunden der zweiten Kollegin, die im Lernfeld 10 eingesetzt ist und eines weiteren Kollegen hinzugenommen, so dass insgesamt 16 Unterrichtsblöcke zur Verfügung stehen, von denen ich bei 10 Blöcken auf alle Fälle anwesend sein werde. Ich werde versuchen, während weiteren Unterrichtsblöcken für Rückfragen der Schüler zur Verfügung zu stehen.

2.1.3 Rahmenbedingungen

Robotino® (vgl. Abbildung 1[5]) ist ein mobiler Roboter mit drei Allseitenrädern, die unabhängig voneinander angesteuert werden können. Neben neun, im 40°-Winkel zu einander stehenden Infrarotsensoren für Abstandsmessungen verfügt er über eine kollisions-erkennende Stoßleiste in einem Ring um ihn herum. Für die Orientierung im Raum besitzt er eine Kamera, die mit Hilfe des Programmierwerkzeuges Robotino®View leicht ausgewertet werden kann. Die Programme werden auf einem PC oder einem Laptop ausgeführt, die mit einer WLAN-Verbindung mit dem Roboter verbunden sind.

Für die Dauer des Projektes habe ich ein Labor für die Klasse reserviert. In diesem Labor stehen sieben Laptops mit einer funktionierenden WLAN-Verbindung zum Roboter und der benötigten Software zur Verfügung. Die Verbindung dieser Laptops untereinander und mit dem Internet über WLAN habe ich vor Beginn des Projektes erstmals eingerichtet.

Abbildung 1: Robotino®

2.1.4 Zur Klasse

Zwei Schüler arbeiten bei der Hagenuk Marinekommunikation und elf Schüler sowie eine Schülerin der Klasse arbeiten beim Marinearsenal Kiel, das vornehmlich in einer Ausbildungs-werkstatt ausbildet. Daher haben alle Schüler einen Bezug zur Seeschifffahrt. Den realen Arbeitsalltag mit seinen unterschiedlichen Arbeitsmethoden und Vorgehensweisen kennen sie jedoch aufgrund der Ausbildungsorganisation nur teilweise. Die Klassenaktivität ist meistens auf zwei bis drei Schüler, die sich immer rege beteiligen, beschränkt. Alle anderen Schüler sind im Lehrer-Schüler-Gespräch stets sehr zurückhaltend und tragen nicht viel zum Unterrichtsgeschehen bei. Arbeitsaufträge zur Programmierung oder ähnliches werden von allen Schülern immer gut ausgeführt.

2.2 Methodische Überlegungen

Die Überlegungen zur Klasse sind ein weiterer Grund für meine Entscheidung, einen schüler-zentrierten, projektorientierten Unterricht zu gestalten. Ich möchte die Schüler motivieren, sich aktiv an ihrer Ausbildung zu beteiligen und vor allem ihre Personalkompetenz fördern, indem jeder einzelne Schüler zur Lösung der Problemstellung beträgt. Letztlich sollen sie nach ihrer Ausbildung auf dem Arbeitsmarkt selbstständig bestehen können.

Während der Einarbeitung in die vielen Möglichkeiten des Roboters wurde die motivierende Wirkung schnell klar, so dass ich davon ausgehe, dass die Schüler im Bezug auf das Erschließen der Sensorik des Robotinos® intrinsisch motiviert sein werden. Da die Schüler des dritten Ausbildungsjahres Programmieraufgaben neben der Sensorik als wichtiges Ausbildungsziel erkannt haben, werden sie auch daran interessiert sein, sich die Vorgehensweise der Programmierung des Robotinos® zu erschließen. Um die fachlichen Inhalte auf die Sensorik konzentrieren zu können, habe ich mich entschlossen, die Schüler den Roboter mittels der vom Hersteller mitgelieferten grafischen Oberfläche und nicht in der Hochsprache C++ programmieren zu lassen. Die Einarbeitung in die API[6] würde meines Erachtens nach zu viel Zeit in Anspruch nehmen. Weitere methodische Überlegungen werden im folgenden Kapitel 2.2.1 anhand des geplanten Verlaufs der Unterrichtseinheit erläutert.

2.2.1 Planung der Unterrichtseinheit

Die folgende Tabelle 1 auf der Seite 6, welche auch die Schüler nach dem Einstieg erhalten, verdeutlicht den geplanten Ablauf der Unterrichtseinheit. Die Stundenangaben in den Klammern geben die geplanten Unterrichtsstunden an.

(4h) Plenum / Partnerarbeit	

---

[5]   Quelle des Bildes: http://www.ideen-im-spiel.at/robotino/teaser.jpg (20.04.2010)
[6]   API – Application Programming Interface (Programmierschnittstelle, die vom Hersteller einer Hardware definiert wird)

1. Projektphase	Projektinitiierung	• Problemstellung • Info über das Problem • Bewertung des Problems • Lösungsansätze	
	Projektdefinition	• Erarbeitung der Themen/ Leitfragen • Informationssammlung & -sichtung • Auftrag formulieren (Gesamtauftrag und Auftrag der Gruppen) • Gliederung des Gesamtprojektes in Teilprojekte	<u>Orga:</u> Gruppeneinteilung & Themenverteilung
	Theorie der Projektarbeit	• Phasen eines Projektes • zugehörige Unterlagen	
		(2h) Gruppenarbeit; Abschlussrunde im Plenum	
	Projektplanung der Teilprojekte	• Arbeitspakete formulieren • Festlegen des Produktes/des Ergebnisses • Organisation in der Gruppe • Zeitplanung	
		(10h) Gruppenarbeit; 1-2 Zwischenstandsberichte im Plenum	
	Projektumsetzung der Teilprojekte	• Informationen gewinnen (CD von Frau Weber, Internet) • Informationen auswerten und darstellen • Erste Programmierung von Robotino® • „Meilensteine" erreichen / Zwischentreffen im Plenum: Wie kommen wir voran? Brauchen wir noch etwas? • Dokumentation der Gruppenergebnisse (Protokolle ausfüllen) • Dokumentation erstellen	
		(6h) Abgabetermin Doku; Gruppenarbeit zur Präsentationserstellung; Schulung der Kollegen	
	Projektabschluss der Teilprojekte	• Dokumentation abgeben (Termin: Montag, 22.03.2010 um 9:30) • Präsentation erstellen • Schulung der Kollegen (20 Min. pro Gruppe)	
		(1h) Plenum	
	Projektreflexion der Teilprojekte	• Reflexion über die Projektarbeit • Erfahrungen mit den Gruppenarbeiten • Reflexion über die Ergebnispräsentationen	
2. Projektphase		(5h) Partnerarbeit	
	Projektumsetzung des Projektes	• Programmierung Robotino® für die Suche nach Korrosionsstellen an Bord eines Schiffes an für den Menschen schwer erreichbaren Stellen in Partnerarbeit	
		(2h) Präsentation der Lösung und des Projektes vor den Auftraggebern und einer Klasse	
	Projektabschluss des Projektes	• Präsentation einer Lösung • Diskussion, Verbesserungsvorschläge in der Klasse → „perfekte" Lösung • Feedback an die Präsentatoren	
		(2h) Plenum	
	Reflexion des Gesamtprojektes	• Reflexion durch Abgabe eines anonymen Fragebogens an den Projektleiter • Offenes Feedback zum Projekt	

Tabelle 1: Geplanter Verlauf der Unterrichtseinheit

Die Unterrichtseinheit wird in zwei Phasen der arbeitsteiligen und der arbeitsgleichen Projektarbeit aufgeteilt. Für die Herausbildung einer Projektkompetenz ist die Phase der arbeitsteiligen Projektarbeit von besonderer Bedeutung, da diese einer Projektarbeit in der Wirtschaft stärker entspricht. Die Begründung dieser Aufteilung des Projektes erfolgt mit der folgenden ausführlichen Beschreibung der Unterrichtseinheit.

Die führenden Seefahrtnationen haben nach vielen Öltanker-Unfällen neue Vorschriften verabschiedet, nach denen ab 2015 nur noch Doppelhüllentanker zum Transport von Öl zugelassen sind.[7] In einer intuitiven Phase wird das Vorwissen um Probleme bei dieser Bauart von Schiffen gesammelt und strukturiert. Die Klasse erhält von mir als Auftraggeberin die Problemstellung, dass laut einem Artikel in den VDI-Nachrichten (Hollmann 2004), den ich den Schülern nach dieser intuitiven Phase austeile, die Wartung[8] der Tanker in der Doppelhülle problematisch ist. Kommen die Schüler nach dem Lesen dieses Artikels nicht auf die Idee, einen Roboter zur Wartung einzusetzen, werde ich Robotino® holen und ihn als Lösung für eine erleichterte, automatisierte Wartung vorschlagen.

Um nun die Möglichkeit des Einsatzes von Robotino® für dieses Problem zu prüfen, sollen sich die Schüler zunächst mit dem Handbuch auseinandersetzen und nachsehen, welche Funktionen für die Lösung der Problemstellung hilfreich wären. Nachdem diese Funktionen an der Tafel gesammelt wurden, teilt sich die Klasse in Teilprojektgruppen auf, um jeweils für eine der Funktionen des Roboters verantwortlich zu sein. Ziel dieser arbeitsteiligen Projektarbeit soll eine Schulung der Mitschüler sein, so dass nach dieser arbeitsteiligen Projektphase alle in der Lage sind, den Roboter für die Lösung der Problemstellung zu programmieren. Um das Fachwissen auf dem Gebiet der Sensorik zu vertiefen, soll die Funktionsweise der verschiedenen Sensoren zusätzlich Thema dieser Schulung sein. Von den Schülern wird darüber hinaus eine Dokumentation mit Pflichten-, Lastenheft, Projektplanung und einer Reflexion dieser Arbeit gefordert, damit die Struktur eines Projektes weiter verdeutlicht und der Berufsbezug erhöht wird. Nach jedem Schultag werden die Schüler aufgefordert, ein Projektprotokoll anzufertigen, indem sie dokumentieren, welche Aufgaben sie erledigt haben, ob sie im Zeitplan sind und welche weiteren Tätigkeiten als nächstes vor ihnen liegen.

Ich habe mich bei dieser Phase für die arbeitsteilige Projektarbeit entschieden, um jedem Schüler die Möglichkeit zur Mitgestaltung zu geben. Außerdem entspricht diese Vorgehensweise einer Projektarbeit in der Wirtschaft, bei der das Zeit- und Kostenmanagement im Vordergrund steht. Diese Phase und deren Dokumentation ist durch die selbstständige Planung, Durchführung und Reflexion ihrer Vorgehensweise für die Herausbildung der Projektkompetenz und der Gestaltungskompetenz der Schüler elementar.

Nach diesem Einstieg werden für die Schüler in einem Theorieteil die Anforderungen, die Zielstellungen, die Vorgehensweisen sowie die Besonderheiten der verschiedenen Projektphasen erläutert. Anhand der Tabelle 1 werden dabei die Unterrichtszuteilung und –organisation zu diesem Projekt sowie die Bewertung des Projektunterrichtes besprochen. Nach der Abklärung dieser Rahmenbedingungen, wird die Organisation des Unterrichts in die Hände der Schüler gegeben.

Für den Abschluss der arbeitsteiligen Projektarbeit ist ein Termin für die Abgabe der Dokumentation gesetzt. Darauf folgt die Schulung der Mitschüler, um das Projekt danach in Zweierteams abzuschließen. Jedes Zweierteam entwirft ihre endgültige Lösung zur Rostsuche, von denen das beste Programm von der Klasse gemeinsam für die endgültige Präsentation ausgewählt wird. Die neue Aufteilung habe ich gewählt, um jedem Schüler die Gelegenheit zu geben, das neu Gelernte anzuwenden. Mir ist bewusst, dass ich dabei von dem Ablauf eines Projektes in der Wirtschaft und damit von der Arbeitswelt abweiche. An dieser Stelle ist es mir jedoch wichtiger, dass die neu erworbenen Fachkompetenzen gefestigt werden. Dadurch entstehen die zwei unterschiedlichen Arbeitsweisen in der Projektarbeit.

Zum Abschluss des Projektes wird der Auftraggeberin sowie einer Oberstufen-Klasse Elektroniker für Geräte und Systeme das Endprodukt präsentiert. Die Präsentation soll zusätzlich vor

---

[7] http://www.ostenried-consult.de/phase-out-program.html (20.04.2010)

[8] Die Universität Bremen entwickelt im Rahmen des EU-Projektes MINOAS ein Konzept zur Wartung von (Doppelhüllen)-Tankern mit Hilfe von Robotern. http://robotik.dfki-bremen.de/en/research/projects/logistic-production-and-consumer-lpc/minoas.html (24.04.2010)

dieser Parallelklasse stattfinden, um für die Klasse zum einen eine weitere Bewertungs-/ Feedbackinstanz zu schaffen und zum anderen vor dem Hintergrund ihrer stillen, zurückhaltenden Art eine Erweiterung ihrer Personalkompetenz zu ermöglichen.

2.2.2 Bewertung der arbeitsteiligen Projektarbeit

Die Bewertung von Projektarbeiten stellen Frey (2007, S. 168f) und Gudjons (2001, S. 106f) zunächst in Frage. Denn ein Unterricht, der arbeitsmethodische und soziale Fähigkeiten fördern soll, steht im krassen Widerspruch zu Formen von Leistungsbeurteilungen, die sich auf das Abprüfen von Wissen beschränken. Daher müssen Formen der Leistungsbeurteilung gefunden werden, die der Arbeit im Projekt gerecht werden. Das heißt: *„Im Vordergrund stehen Formen der Prozessevaluation, der Beratung und Rückmeldung."* (Gudjons 2001, S. 106) Für die Beurteilung von Projektunterricht bestehen im allgemeinbildenden und berufsbildenen Bereich sehr unterschiedliche Varianten, bei denen die Antworten auf die Frage, was zu beurteilen sei, sehr unterschiedlich sind. Ich möchte daher mein Bewertungskonzept für die Bewertung der arbeitsteiligen Projektarbeit, das auf der Grundlage unterschiedlicher Quellen entstanden ist, etwas ausführlicher vorstellen.

Besonders wichtig ist bei der Bewertung von Projektunterricht, sich vorher mit den Schülern über die Kriterien zur Beurteilung zu einigen, um Transparenz zu gewährleisten. Verschiedene Quellen (vgl. z.B. Kassner 2009 oder Neumann 2008) schlagen die Beurteilung unterschiedlicher Bereiche der Projektarbeit in Rastern vor. Diese Vorgehensweise erscheint mir sinnvoll, da somit die verschiedenen Anforderungen in der Projektarbeit gezielt berücksichtigt werden können. Zusätzlich war es mir wichtig, dass meine Rolle während des Projektes sich auch in der Beurteilung wieder findet. Da die Schüler den Unterricht selbst gestalten, sollten sie auch im hohen Maß an der Beurteilung ihrer Mitarbeit und der ihrer Mitschüler beteiligt werden. Deshalb werden neben der Dokumentation (50% der Endnote für jeden Schüler im Projekt), die nur durch mich und eine zweite Lehrkraft bewertet wird, auch die Präsentation (20%) und vor allem der Arbeitsprozess (30%) (vgl. Abbildung 2) bewertet.

Bewertung: Arbeitsprozess Beobachtung der Teamfähigkeit	Name:		Note:	
	Bewertung			
Kriterien	- -	-	0	+	+ +
Engagement					
Anteil am Gruppenergebnis					
Verlässlichkeit					
Pünktlichkeit					
Kooperationsfähigkeit					
Gruppenintegration					
Selbstständigkeit					
Verantwortungsbewusstsein					

-- : - 2 Punkte
- : - 1 Punkt
0 : 0 Punkte
+ : 1 Punkt
++ : 2 Punkte

Punkte	Note
≥ 14	1
≥ 10	2
≥ 6	3
≥ 0	4
≥ -5	5
≤ -6	6

Abbildung 2: Bewertungsraster Arbeitsprozess

Nachdem dieses Raster aus der Abbildung 2 von jedem Teammitglied für sich selbst und für seine Kollegen ausgefüllt wurde, ergeben alle Bewertungen zusammen eine arithmetisch gemittelte Gesamtnote für die Mitarbeit jedes Schülers im Arbeitsprozess. Dadurch wird die Möglichkeit geschaffen, individuelle Leistungen während der arbeitsteiligen Projektarbeit hervorzuheben. Die abgebildete fünfstufige Rating-Skala ist in allen Rastern vorgesehen, um die Bewertung der unterschiedlichen Bereiche zu vereinfachen.

Das Raster für die Bewertung der Präsentation beinhaltet auf der Grundlage unterschiedlicher Quellen (vgl. z.B. Kassner 2009, Neumann 2008, IHK 2003) die Bereiche Inhalt (2), Struktur (2), Rhetorik & Körpersprache (1), Medieneinsatz (1), Visualisierung (1) und Gruppenverhalten (3), bei denen die Gewichtungen in Klammern angegeben sind. Zu jedem Bereich sind Kriterien angegeben, um ihn besser beurteilen zu können. Dieses Raster wird von mir und von einer anderen Teilprojektgruppe während der Präsentation ausgefüllt und geht zu gleichen Teilen in die Bewertung mit ein. Dabei bekommt jedes Mitglied in der Gruppe die gleiche Note.

Das Raster für die Dokumentation ist vor allem auf der Grundlage von Kassner (2009, S. 203f) entstanden und enthält die gleich gewichteten Bereiche erster Eindruck, formale Eigenschaften, Verständlichkeit & Lesbarkeit, inhaltliche Richtigkeit, wissenschaftliches Niveau, Sonderpunkte, Kooperation sowie Anspruch & Wirklichkeit mit jeweiligen Kriterien. Beim wissenschaftlichen Niveau geht es um die Reflexion der Projektarbeit im Team und die Angabe von Quellen.

Die Bewertungsraster und die zugehörigen Anteile zur Gesamtnote werden den Schülern zu Beginn der Unterrichtseinheit mit allen anderen vorbereiteten Projektunterlagen, wie dem Leitfaden (Tab. 1), der Zielstellungen für die Dokumentation und der Präsentation, dem Handbuch und anderen technischen Unterlagen zum Robotino® sowie der Vorlage für die Projektprotokolle zur Verfügung gestellt.

2.3 Verlauf der Unterrichtseinheit

In diesem Kapitel soll der tatsächliche Verlauf der Unterrichtseinheit, der teilweise von der Planung abgewichen ist, dargestellt werden.

Der erste Teil der arbeitsteiligen Projektarbeit ist bis zur Schulung wie geplant verlaufen. Die darauf folgende Phase der arbeitsgleichen Projektarbeit hat sich während des Unterrichts, bei dem ich wie vorgesehen nicht anwesend war, zur arbeitsteiligen Projektarbeit gewandelt. Die Schüler haben selbstständig neue Aufgaben übernommen, so dass einige Schüler sich weiterhin mit der Programmierung auseinander gesetzt und andere die Vorbereitungen für die Präsentation vor mir als Auftraggeberin und der Parallelklasse übernommen haben. Weitere Details zum Verlauf der Unterrichtseinheit möchte ich während der Evaluation darstellen.

3 Evaluation und persönliches Resümee

In diesem Kapitel werden die Methoden (Kapitel 3.1) und der Verlauf der Evaluation der Unterrichtseinheit mit ihren Ergebnissen (Kapitel 3.2) aufgezeigt. Zusätzlich werden die Leitfrage und die Unterrichtsziele überprüft (Kapitel 3.3) und meine persönlichen Schlussfolgerungen für die weitere Unterrichtspraxis (Kapitel 3.4) dargestellt.

3.1 Methoden der Evaluation

Um die gestellte Leitfrage *„Ist der geplante Einsatz des Roboters Robotino® in einer arbeitsteiligen Projektarbeit für den Ausbildungsberuf des Systeminformatikers zur Festigung der Sensortechnik und zur Herausbildung von Projektkompetenz geeignet?"* zu beantworten und die Unterrichtsziele zu überprüfen, werden verschiedene Methoden zur Evaluation eingesetzt. Durch die Auswahl unterschiedlicher Methoden werden mehrere Blickwinkel berücksichtigt und die Ergebnisse dadurch abgesichert.

Stimmungsbilder

Ein Stimmungsbild ist eine Feedbackmethode, bei der die Schüler offen und kurzfristig ihre momentane Stimmung mit Hilfe von Abbildungen[9] zum Ausdruck bringen können. Um den Verlauf zu vereinfachen, möchte ich den Schülern offene Fragen stellen. Ein fragengeleitetes Stimmungsbild hat den Vorteil, dass die Rückmeldung ohne Umschweife und direkt erfolgt. Es birgt allerdings den Nachteil, dass sich die Schüler trauen müssen, zu sagen, was für Bedenken sie haben oder was ihnen nicht gefallen hat.

Fragebogen

Um umfangreichere Ergebnisse zu erhalten, habe ich einen Fragebogen entwickelt, bei dem die Fragen auf die Leitfrage und auf verschiedene Lernziele des Unterrichts abgestimmt waren. Zur Beantwortung der Fragen ist eine vierstufige Rating-Skala mit der Beschriftung „++", „+", „-" und „--" in Anlehnung an die verschiedenen Raster zur Bewertung der Projektarbeit vorgesehen. Dabei bedeutet „++" Ich stimme voll zu, „+" Ich stimme eher zu, „-" Ich stimme eher nicht zu und „--" Ich stimme gar nicht zu. Am Ende des Fragebogens gibt es vier offene Fragen, bei denen die

---

[9]   z.B. Bilder von Wetterkarten: Wolken, Sonne, bedeckt, Regen, …

Schüler zunächst Änderungen und Fortbestand bei der Organisation und den Rahmenbedingungen eintragen sollen. Die dritte offene Frage bietet den Schülern die Möglichkeit, eine Idee für ein neues Unterrichtsprojekt aufzuschreiben. Um keine weiteren Aspekte auszuschließen, endet der Fragebogen, mit einer Aufforderung zu notieren, was ihnen besonders gut oder gar nicht gefallen hat.

Subjektive Dokumentenanalyse

Die abgegebenen Dokumentationen sollen als Produkt der arbeitsteiligen Projektarbeit analysiert werden. Für eine Beurteilung des Inhaltes der Dokumentation steht, neben dem den Schülern zur Verfügung gestellten Inhaltsverzeichnis, das in Abschnitt 2.2.2 erwähnte Bewertungsraster zur Verfügung.

Gemeinsame Evaluation mit Kollegen

Um zusätzliche Aspekte des Unterrichtsgeschehens zu erfassen, werde ich mit meinen Kollegen ein Gespräch zu unseren Unterrichtsbeobachtungen führen. Für dieses Gespräch habe ich nach jedem Unterricht in der Klasse ein Lehrertagebuch geschrieben. Zusätzlich habe ich Aussagen von Kollegen über den Unterricht in dieses Tagebuch aufgenommen.

Diese Unterrichtsbeobachten sind natürlich nur sehr partiell, da die Schüler die meiste Zeit in ihren Projektgruppen gearbeitet haben, und zusätzlich subjektiv, dennoch möchte ich dieses wichtige Kriterium bei der Beurteilung von Unterricht nicht außen vor lassen. Zum umfassenden Lehrerhandeln gehört es, seinen durchgeführten Unterricht gedanklich zu reflektieren und zu bewerten.

Es bleibt zu bemerken, dass die Ergebnisse nicht auf Validität, Reliabilität und Objektivität überprüft werden, da z.B. die Größe der Stichprobe durch die Klassengröße begrenzt ist. Daher können die Ergebnisse auch nicht als repräsentativ bewertet werden. Allerdings können die Ergebnisse gut als Indikatoren für die Beantwortung der Leitfrage, zur Überprüfung der Ziele und für Schlussfolgerungen für die weitere persönliche Unterrichtsplanung herangezogen werden.

3.2 Ergebnisse und Auswertung

Stimmungsbilder

Das erste Stimmungsbild wurde mit der Frage „Welche Erfahrungen haben Sie mit Projektarbeit?" eingeleitet und mit der Frage nach den Erwartungen an diese Unterrichtseinheit fortgeführt. Abschließend wurden die Schüler zu ihrer Motivation, das gestellte Problem zu lösen, befragt.

Die Erfahrungen der Schüler mit Projektarbeit waren durchweg positiv. Sie waren allerdings auf der einen Seite verwirrt, dass so viel „Papierkram" von Ihnen verlangt wird; sie seien „schließlich keine Projektmanager". Auf der anderen Seite wurde nach dem Sinn einer Dokumentation gefragt, wenn doch nur so ein kleiner Teil der Technik bearbeitet würde. Da würde sich der „Aufwand ja gar nicht lohnen". Bisher hatte immer das Produkt beziehungsweise „die Technik im Mittelpunkt" gestanden. An diese Aussagen konnte ich gut anknüpfen und über das Lernen vom „Know-how-to-know" und ihre Arbeit nach der Ausbildung sowie die damit verbundene Arbeitsorganisation von Betrieben mit den Schülern sprechen. Dabei habe ich noch einmal betont, dass natürlich die Technik im Mittelpunkt steht, denn die Schulung zu einer bestimmten Technik ist schließlich das Produkt ihrer Arbeit.

Als Antwort auf die Frage nach der Motivation wollten die Schüler den Roboter ausprobieren, fahren sehen und seine Technik verstehen, so dass wir in die Pause hinein verschiedene Testprogramme auf dem Roboter ausprobiert haben. Insgesamt konnten mit diesem Stimmungsbild die Zweifel der Schüler an den gestellten Aufgaben gemildert und die Projektmethode begründet werden.

Um den Teil der arbeitsteiligen Projektarbeit abzuschließen, habe ich die Schüler nach den Schulungen um Rückmeldung gebeten. Dazu habe ich sie gefragt, was bei einer erneuten Durchführung dieses Projektes unbedingt so bleiben sollte und was geändert werden sollte. Anhand der sehr konstruktiven Antworten der Schüler wurde daraufhin deutlich, dass die Anforderungen an die Gruppen sehr unterschiedlich waren. Einige Schüler waren der Meinung, dass die Beispielprogramme weggelassen werden sollten. Andere hätten sich, ihrer Meinung nach, ohne die Beispiele die Funktion des Sensors und seine Programmierung nicht erschließen können, so dass die Beispiele vielleicht besser nur optional zur Verfügung gestellt werden sollten. Zwei Gruppen hätten sich mehr Zeit mit dem Roboter gewünscht und schlugen deshalb vor, die Präsentation und die Dokumentation im Betrieb zu erstellen. Für einige Sensoren (z.B. Kollisionsschutz-Sensor) waren drei Mitarbeiter zu viel, daher machte die Gruppe den Vorschlag, bei erneuter Durchführung eine weitere Gruppe für die Programmierung der Logik mit Robotino®View zu gründen. Außerdem sollte bestenfalls für jedes Teammitglied ein PC oder Laptop zur Verfügung stehen, damit neben der Programmierung des Roboters schon mit der Dokumentation begonnen werden kann. Ein Schüler machte den Vorschlag, dass in jeder Gruppe ein Mitglied für die Programmierung zuständig sein soll, damit dieser dann an der endgültigen Lösung in der zweiten Phase mitarbeiten kann. Ich habe dazu gesagt, dass diese Vorgehensweise sicher der in der Wirtschaft entspricht, wir aber in diesem Punkt von der Wirklichkeit abweichen, um allen Schülern die Möglichkeit zu geben, ihr neu erlerntes Wissen anzuwenden. Wie sich im weiteren Verlauf herausstellte, haben die Schüler trotzdem diese Vorgehensweise gewählt und durchgeführt und somit eine gute Lösung zur Problemstellung erarbeitet. Beide Vorgehensweisen haben ihre Vor- und Nachteile, so dass bei einer erneuten Durchführung des Projektes die Entscheidung für die eine oder andere Vorgehensweise noch transparenter gemacht werden muss, damit die Schüler diese auch verfolgen.

Alles in allem war dieses Stimmungsbild sehr hilfreich, weil die Schüler in den meisten Fällen selbst konstruktive Vorschläge zur Verbesserung gegeben haben.

Fragebogen

Der Fragebogen wurde von allen 14 Schülern der Klasse ausgefüllt. Die folgende Abbildung 3 zeigt die Auswertung der Items des Fragebogens. Auszüge aus den Antworten zu den offenen Fragen werden ich im Anschluss darstellen und auswerten.

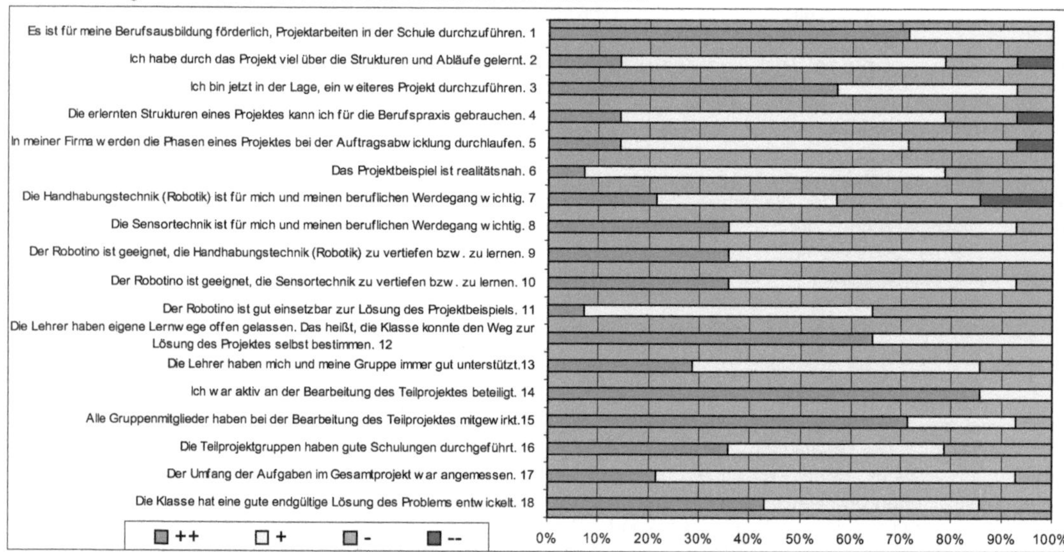

Abbildung 3: Auswertung der Items des Fragebogens

Die Ergebnisse des Fragebogens zeigen ein überwiegend positives Bild. Die Arbeit während der Projektphasen (Item 12-18) wurde recht positiv bewertet. Wenige negative Äußerungen gibt es bei der Bewertung der Schulungen (Item 16), der Unterstützung durch die Lehrkräfte (Item 13) und bei der Zufriedenheit mit dem endgültigen Produkt (Item 18). Die Präsentation einer Teilprojektgruppe war auch in meinen Augen unvollständig und nicht besonders lehrreich, so dass ich mir diese negativen Äußerungen dadurch erkläre. Bei der Unterstützung der Lehrkräfte kann der negative Einschlag durch die Betreuung des Projektes durch mehrere Lehrkräfte, von denen nur ich mit dem Roboter umzugehen wusste, resultieren. Die Unzufriedenheit mit dem endgültigen Produkt wurde auch am Tag der Übergabe deutlich. Ich bin im Gegensatz zu einigen Schülern sehr zufrieden mit der Lösung, da sie bereits umfangreicher in ihrer Funktion ist, als ich es gefordert hatte.

Der Einsatz von Robotino® für dieses Projektbeispiel (Item11) wird von nur ca. 65% aller Schüler positiv bewertet. Das könnte mit dem Einsatz des Roboters in einem Seeschiff zusammenhängen. Schon während des Einstiegs haben die Schüler bemängelt, dass dies nicht die übliche, ihnen bekannte Vorgehensweise zur Wartung von Seeschiffen oder Vorbeugung von Rost sei. Ich habe daraufhin versucht, ihnen zu verdeutlichen, dass es bei diesem Projekt um eine Neuentwicklung geht, die nicht nur aus der Luft gegriffen ist. (vgl. EU-Projekt MINOAS)

Die Schüler bescheinigen dem Projekt trotzdem einen guten Berufsbezug (Item 6) mit fast 80% positiven Bewertungen und außerdem einen Nutzen für Ihre Ausbildung (Item 1). Diese 100% positive Bewertung von Item 1 steht teilweise im Gegensatz zur Bewertung der Items 4 und 5, welche die Anwendbarkeit der erlernten Projektstrukturen im Betrieb betreffen. Nur ca. 70% bzw. 80% der Schüler sind der Meinung, dass sie die Strukturen eines Projektes für ihre Berufspraxis gebrauchen können (Item 4) und die Strukturen eines Projektes in ihrem Betrieb durchlaufen werden (Item 5). Diesen Gegensatz kann ich mir nur dadurch erklären, dass die Schüler nach meiner Betonung des Lernens vom „Know-how-to-know", die Projektarbeit für ihre Berufsausbildung als wichtig erkannt haben, diese aber mit ihrer beruflichen Praxis nicht verbinden können, weil nur einige der Auszubildenden im dritten Ausbildungsjahr im Marinearsenal im betrieblichen Ablauf eingesetzt werden.

Die Einschätzung der Schüler bezüglich des Nutzens für ihren späteren beruflichen Werdegang ist von der Technik abhängig. Die Schüler sind der Meinung, dass die Sensortechnik wichtig ist (Item 8), die Handhabungstechnik (Item 7) jedoch nicht so sehr. Nur ca. 50% aller Schüler empfinden die Handhabungstechnik als wichtig, sind aber zu 100% (Item 9) der Meinung, dass Robotino® geeignet ist, diese Technik zu erlernen oder zu vertiefen. Auch für das Erlernen der Sensortechnik wird Robotino® im weitesten die Eignung bescheinigt (Item10).

Somit lässt sich aus diesen Ergebnissen eine Eignung des Robotinos® für den Ausbildungsberuf des Systeminformatikers ableiten.

Die meisten Schüler haben während dieser Unterrichtseinheit nach ihrer Einschätzung etwas über die Strukturen und Abläufe im Projekt gelernt (Item 2). Noch mehr Schüler sind der Meinung, dass sie jetzt in der Lage sind, ein weiteres Projekt durchzuführen (Item 3). Somit bestätigen diese Ergebnisse meine subjektive Einschätzung, dass die Schüler im Bereich der Projektarbeit dazugelernt haben.

Bei der offenen Frage nach den Änderungswünschen für die Organisation und die Rahmenbedingungen kamen viele gute konstruktive Vorschläge. Die häufigsten Vorschläge waren der Wunsch, die Programmierung des Robotinos® in einer ihnen bekannten Sprache wie z.B. C++ vornehmen zu können (4 Nennungen) und verschiedene Änderungen für den Ablauf der zweiten Projektphase. Für diese Phase hätten die Schüler gern mehr Zeit gehabt (5 Nennungen) und bessere Aufteilung der neuen arbeitsgleichen Projektgruppen (z.B. aus jeder ersten Projektgruppe jeweils einer) oder gar keine neue Aufteilung (2 Nennungen). Es ist auch an diesen Ergebnissen deutlich zu erkennen, dass den Schülern die arbeitsgleiche Projektphase nicht so gut gefallen hat.

Bei einer erneuten Durchführung des Projektes sollten das selbstständige Arbeiten (3 Nennungen) und die Aufteilung in Teilprojektgruppen (3 Nennungen) und das gegenseitige Schulen (1 Nennung) bestehen bleiben. Daraus schließe ich, dass die arbeitsteilige Projektphase den Schülern gut gefallen hat und würde bei weiteren Projekten mit Robotino® wieder so vorgehen.

Die Schüler hatten einige gute Projektideen für weitere Projekte mit dem Roboter, wie z.B. Robotino® Domino-Day oder ein Ballspiel von mehreren Robotern gegeneinander.

Die Ergebnisse der letzten offenen Frage bilden aufgrund der vielen positiven Aussagen einen schönen Abschluss und sprechen für sich (s. Tabelle 2 auf Seite 13).

eigene lösungswege ++, keine übertriebene Theorie, gutes Lernverhalten, + Freiheit, selbst zu entscheiden, Absprache und Themenverteilung in der Gruppe war nicht immer gut, Zeit für Gesamtprojekt zu kurz, zu intensiv auf Doku eingegangen, freie Arbeit am Roboter ++, moderne Techniken zu verwenden, selbstständig zu arbeiten, Arbeit am Roboter ist ganz cool, da man sofort Erfolgserlebnisse hat., alles :) , TOP, Der Freiraum jeder Gruppe

Tabelle 2: Ergebnisse zur Frage „Das hat mir besonders gut oder gar nicht gefallen:"

Ich vermute, dass die negative Äußerung von Projektgruppenmitgliedern aus der Gruppe kommt, bei denen auch die Ergebnisse nicht gut waren.

Subjektive Dokumentationsanalyse

Die abgegebenen Dokumentationen wurden fast alle mit Noten zwischen 1- und 2 bewertet. Eine Dokumentation musste jedoch mit einer 4 bewertet werden. Alle Gruppen bis auf eine haben ein sehr gutes Layout entwickelt. Und auch die formalen Eigenschaften, bis auf die Rechtschreibung, haben alle Gruppen gut erfüllt. Vielen Dokumentationen mangelt es jedoch an klar formulierten Sätzen und einem Zusammenhang zwischen den einzelnen Abschnitten. Erläuterungen zu der Sensorik sind inhaltlich eher durchschnittlich bis mangelhaft und weisen keinerlei Quellennachweise auf. Bei allen Dokumentationen fehlt die Reflexion ihrer täglichen Arbeit im Projekt und zum Ergebnis. Nur eine Gruppe hat abweichend von meiner Vorgabe Tagesprotokolle anzufertigen, ein Projekttagebuch geführt und reflektiert darin die eine oder andere Vorgehensweise. Diese erfreuliche Eigeninitiative habe ich bei der Bewertung mit Sonderpunkten honoriert. Die Dokumentation einer weiteren Gruppe schließt mit einem Fazit ab, in dem beobachtete Probleme reflektiert und Vorschläge zur Verbesserung gemacht werden. Zeitpläne sind in allen Dokumentationen enthalten; es ist jedoch nicht zu erkennen, ob die angegebenen Zeiten die geplanten oder die tatsächlichen Zeiten sind. Das hängt sicherlich mit der fehlenden Reflexion der Arbeit zusammen. Das vorgegebene Inhaltsverzeichnis enthielt keinen extra Punkt für die Reflexion der Arbeit und auch aus dem Bewertungsraster konnte keine Aufforderung dazu abgelesen werden. Ich denke, dass ich die Zielstellung der Dokumentation nicht deutlich genug dargestellt habe. Daher habe ich in der Bewertung keine Minuspunkte dafür gegeben.

Zusammenfassend sind die Ergebnisse für eine erste Dokumentation einer Projektarbeit gut bis sehr gut. An der Reflexion der Projektarbeit muss jedoch noch verstärkt gearbeitet werden. Diesen Schritt haben die Schüler noch nicht als hilfreich und wichtig erkannt.

Gemeinsame Evaluation mit den Kollegen

Zum Einstieg in das Projekt waren beide Kollegen, die das Projekt unterstützt haben, anwesend. Wir hatten alle den Eindruck, dass die Schüler die Aufgabe gut verstanden und sich motiviert an die Arbeit gemacht haben. Im Rückblick war auffällig, dass die Klasse an diesem Tag noch ihre ruhige, stille Art zeigte und der Unterricht mit der intuitiven Phase schleppend verlief. Das Verhalten der Schüler veränderte sich aber schon am nächsten Tag, als es in die Planung der Arbeitsschritte ging. Die Schüler haben sich selbst organisiert und teilweise Computer und Ausrüstung (Netzwerkkomponenten für WLAN-Test) in anderen Räumen genutzt oder ihre privaten Laptops mitgebracht. Beim Probieren der Funktionen des Roboters gab es teilweise Engpässe, da nun alle Gruppen gleichzeitig soweit waren. Aufgrund des guten Klassenklimas war das aber kein ernsthaftes Problem.

Während der letzten Stunde der ersten Woche fand der Unterrichtsbesuch des Seminarleiters Rainer Möller statt. Die Schüler waren in dieser Stunde wieder sehr ruhig, konnten aber die Ziele einer Statussitzung weitestgehend erarbeiten. Da keine Probleme im Projektverlauf aufgetreten waren, konnte das Ziel, dass die Schüler erkennen, dass eine Statussitzung und die damit verbundene Absprache zwischen den Gruppen für den gesamten Projektverlauf elementar sind, nicht herausgearbeitet werden. Die Schüler haben laut eigenen Aussagen mitgenommen, dass eine Statussitzung effizient gestaltet werden sollte.

Zu Beginn der zweiten Woche wurden alle Dokumentationen vollständig und pünktlich abgegeben und mit der Ausarbeitung der Präsentation begonnen. Die Präsentationen am zweiten Tag der zweiten Woche waren teilweise lückenhaft in Bezug auf die Erläuterung der Sensorik, zeichneten sich aber bei allen bis auf einer Gruppe durch eine gute Erläuterung der Bedienung der Funktionen des Roboters mit Robotino®View aus. Die Gruppen haben die Präsentationen sehr unterschiedlich organisiert, so dass nur teilweise gemeinsam präsentiert wurde. In den Bewertungskriterien gab es allerdings einen Punkt für das Gruppenverhalten, das in diesen Fällen nicht bewertet werden konnte.

Im Anschluss an die Präsentation fand das zweite Stimmungsbild statt. Danach haben die Schüler sich in Zweierteams zusammengefunden und mit der Programmierung einer endgültigen Lösung begonnen. Am darauf folgenden Tag, der auch für die Programmierung verwendet wurde, zeigte sich eine sehr gute Zusammenarbeit aller Schüler, indem sich alle Schüler zu einer großen Gruppe zusammen getan haben und alle anstehenden Aufgaben selbstständig aufgeteilt haben. Wie in Kapitel 2.3 erwähnt, haben sich einige Schüler ausschließlich mit der Programmierung beschäftigt, während sich andere bereits um die Präsentation vor der Auftraggeberin und der Parallelklasse gekümmert haben. Diese Entscheidung wurde mit der unterrichtenden Lehrkraft abgestimmt. Durch dieses Vorgehen haben die Schüler einerseits gezeigt, dass sie während der ersten arbeitsteiligen Projektphase Projektkompetenzen erworben haben und diese gleich umsetzen konnten. Andererseits sind sie damit vom Projektplan abgewichen und haben die Zielsetzung dieser Phase damit untergraben. Vor dem Hintergrund der guten fachlichen Lösung der Schüler und ihrer Präsentation, freue ich mich, dass die Schüler eigenständig diese Entscheidung getroffen haben. Denn zu dieser Eigenständigkeit in der Arbeit, bei welcher der erfolgreiche Abschluss eines Projektes steht, sollte diese Unterrichtseinheit unter anderem führen.

Den Abschluss des Projektes mit der Präsentation der endgültigen Lösung vor mir und der Parallelklasse am letzten Projekttag haben die Schüler gut gemeistert, indem sie eine sehr gute Lösung präsentiert haben. Der Lehrer und einige Schüler der Parallelklasse hätten sich allerdings noch mehr technische Details oder die Erläuterung eines Programmteils erhofft. Da die Präsentation aber keine technische Präsentation sondern eine Ergebnispräsentation sein sollte, war ich vollkommen zufrieden.

Die Bewertungsraster wurden von allen Schülern insgesamt gut angenommen. Während der Präsentationen konnte ich beobachten, dass Schüler sogar eine strengere Bewertung vorgenommen haben, als ich. Trotzdem waren die Präsentationen für die Schüler lehrreich und durch die Bestrebungen der Schüler ihren Mitschüler ihre neu erworbenen Fachkenntnisse näher zu bringen von sozialem Zusammenhalt geprägt. Bei der Bewertung des Arbeitsprozesses waren unterschiedliche Ergebnisse in der Bewertung zu erkennen. Ich habe die Schüler gebeten, diese Raster einzeln für sich auszufüllen. Dadurch habe ich gewährleistet, dass sie ihre Meinung zur eigenen Mitarbeit und zur Mitarbeit ihrer Mitschüler frei äußern konnten. Die Ergebnisse dieser Raster zeigten, dass in einigen Gruppen die Schüler tatsächlich unterschiedlich stark am Ergebnis mitgewirkt haben. Das Raster für die Bewertung der Dokumentationen müsste für einen weiteren Einsatz überarbeitet werden oder besser mit den Schülern besprochen werden. Aus den Auswertungen der Dokumentationen schließe ich, dass die Anforderungen an eine Dokumentation aus dem Raster nicht deutlich wurden.

3.3 Überprüfung der Leitfrage und der Unterrichtsziele

Die Leitfrage der Hausarbeit deckt, wie oben erläutert, zwei Aspekte ab. Zum einen war die Einsatzfähigkeit des Roboters im Ausbildungsberuf Systeminformatiker zu überprüfen, die auf der Grundlage der eben vorgestellten Ergebnisse festgestellt werden kann. Die Arbeit mit dem Roboter war für die Schüler sehr motivierend, so dass sie sich, anders als gewohnt, aufgeweckt und voller Tatendrang zeigten.

Zum anderen waren die Festigung der Sensortechnik und die Herausbildung der Projektkompetenz durch die arbeitsteilige Projektarbeit Ziel dieser Unterrichtseinheit. Die Dokumentationen sowie die Präsentationen lassen erkennen, dass die technischen Funktionen der Sensoren bei den Schülern durch das Interesse an der Bedienung des Roboters in den Hintergrund getreten ist. Es ist wohl jedem Schüler klar geworden, was der Sensor auf welche Weise kann, jedoch sind die technischen Details für die Festigung der Fachkompetenz meines Erachtens zu kurz gekommen. Eher haben die Schüler neue Fachkompetenzen in Bezug auf den Umgang mit der Software Robotion®View dazu gewonnen. Die Herausbildung der Projektkompetenz war insofern erfolgreich, als dass die Schüler die Planung der Arbeit und die damit verbundene Aufgabenverteilung durch das selbstständige Durchlaufen dieser Arbeitsschritte als sinnvoll erkannt haben. Dieser Vorgang wurde in den Dokumentationen gut dargestellt und konnte auch während des Unterrichts gut beobachtet werden. Die Reflexion der Arbeit ist sehr spärlich ausgefallen, jedoch haben einige Gruppen mit einem Fazit oder einem Projekttagebuch schon erste gute Ansätze zur Reflexion gezeigt.

Während der Erstellung der Lösung zur Problemstellung haben die Schüler ihre in der arbeitsteiligen Projektarbeit erworbenen Kompetenzen sofort umgesetzt. Allerdings bleibt zu bedenken, dass die Schüler sich meiner Meinung nach ihrer projektartigen Vorgehensweise nicht bewusst waren. Planungsschritte wurden nicht schriftlich festgehalten oder gar reflektiert. Den Projektkompetenzzuwachs kann man jedoch an den Angaben der Schüler zu Item 2 im Fragebogen ablesen, bei dem 75% aller Schüler der Meinung sind, dass sie etwas über die Strukturen und Abläufe eines Projektes gelernt haben. Vor allem die Möglichkeit jedes einzelnen Schülers seine eigene Mitarbeit und die seiner Gruppenmitglieder zu bewerten, hat eine erste Reflexion der Arbeit und die eigene Einschätzung der Mitarbeit angeregt. Dieser Vorgang hat dazu beigetragen, die Ziele im Bereich der Personalkompetenz zu erreichen.

Die Ziele zur Sozialkompetenz wurden vor dem Hintergrund zumeist sprachlich und inhaltlich guter Schulungen der Mitschüler eingelöst. Ich hatte den Eindruck, dass die Schüler sich die Sachverhalte teilweise wie in einem Zweiergespräch erklärten. Fragen wurden zu diesem Zweck von allen Gruppen jederzeit zugelassen. Die gute Zusammenarbeit zwischen allen Schülern der Klasse zeigte sich dann erneut bei der Erstellung der endgültigen Lösung zur Problemstellung, die sehr gut funktioniert hat. Daher komme ich letztendlich zu dem Schluss, dass die Veränderung der arbeitsgleichen Projektarbeit zur arbeitsteiligen Projektarbeit in dieser Unterrichtseinheit von Vorteil für den Kompetenzzuwachs der Schüler war.

Zusammenfassend kann festgehalten werden, dass der Roboter Robotino® zur Festigung der Sensortechnik und zur Herausbildung der Projektkompetenz geeignet ist. Um diese Ziele noch eindeutiger zu erreichen, bedarf es meiner Ansicht nach noch einiger Veränderungen der Unterrichteinheit. Zu diesen Veränderungen werde ich im nächsten Kapitel einige Vorschläge machen.

3.4 Persönliches Resümee und Schlussfolgerungen für die Unterrichtspraxis

Da ich, wie in der Problemstellung erläutert, der Herausbildung von Gestaltungs- und Projektkompetenz große Bedeutung für die Bewältigung der Anforderungen der sich wandelnden Arbeitswelt zuschreibe, möchte ich diese beiden Kompetenzen unbedingt weiter in meiner zukünftigen Unterrichtsplanung berücksichtigen.

Bei der Gestaltung der arbeitsteiligen Projektphase, die auch von den Schülern wegen der Freiheit in der Prozessgestaltung positiv bewertet wurde, konnten einige Aspekte der Projektarbeit von den Schülern erkannt und durchgeführt werden. Trotz ihrer anfänglichen Zweifel haben die Schüler in dieser Unterrichtseinheit gelernt, dass es in einem Projekt wichtig ist, seine Vorgehensweise zu planen und diese für parallel arbeitende Gruppen transparent zu machen. Bei einer erneuten Durchführung dieser Unterrichtseinheit würde ich neben den Planungsaspekten vermehrt darauf achten, dass eine Beurteilung des Arbeitsprozesses von den Schülern durchgeführt wird. Aus der Analyse der abgegebenen Dokumentationen schließe ich, dass ich den Sinn und Zweck der Tagesprotokolle bei der Einführung nicht genug verdeutlicht habe. Um die Beurteilung der Arbeit besser zu forcieren, könnte zusätzlich ein Fazit am Ende der Dokumentation verpflichtend eingeführt werden. Eine einfache Methode wäre an dieser Stelle ein Ist/Soll-Vergleich von Planung und Durchführung, der nicht explizit gefordert wurde, von den Schülern durchführen zu lassen. Nicht zuletzt ist es wichtig zu erklären, dass die Dokumentation ein zusammenhängendes Dokument ist und auch als solches nach der Fertigstellung zu erkennen sein muss. Die Zusammenhänge der einzelnen Kapitel wurden bei keiner der abgegebenen Dokumentationen deutlich und sind somit den Schülern sehr wahrscheinlich auch nicht bewusst. Insgesamt muss ich in Zukunft die Erstellung einer Dokumentation noch besser einführen und begleiten.

Vielleicht kann die Dokumentation für eine Zeitersparnis in der Schule tatsächlich, wie von einigen Schülern vorgeschlagen, im Betrieb angefertigt werden. Dann könnte zum einen die Zusammenarbeit zwischen Schule und Betrieb erhöht werden und zum anderen mehr Zeit für die Programmierung veranschlagt und die rückblickend betrachtet sinnvolle Forderung nach der Programmierung in C++ eingelöst werden. Das hätte jedoch den Nachteil, dass gerade bei den fehlerhaften Teilen der Dokumentationen keine Unterstützung durch mich erfolgen könnte.

Obwohl ich mir auf verschiedenen Ebenen des Risikos bei der erneuten Aufteilung zur arbeitsgleichen Projektarbeit bewusst war, hätte ich nicht mit dem erfolgten Verlauf gerechnet. Die Kritik der Schüler an dieser zweiten Projektphase war gerechtfertigt, da durch den Wechsel der Arbeitsgruppen die Linie des Unterrichtsverlaufes gestört wurde. Durch ihre bereits vorhandenen Strukturen innerhalb ihrer Klasse, haben sie diesen Planungsfehler aber gut aufgefangen.

Für eine erneute Durchführung dieses Projektes gibt es meiner Ansicht nach an diesem Punkt zwei Möglichkeiten. Zum einen könnte diese Phase als Wettbewerb gestaltet werden, damit die Schüler weiterhin in Zweierteams arbeiten und die Festigung der Programmierkenntnisse mit Robotino® bei allen Schülern durchgesetzt wird. Allerdings bliebe es bei dieser Vorgehensweise bei einem Rollentausch, so dass dieser eingehend mit der Vertiefung der Programmierkenntnisse begründet werden müsste.

Zum anderen könnte diese Phase von vorneherein interessengeleitet gestaltet und somit von Beginn an in die Projektplanung mit aufgenommen werden. Die Schüler können nach den Schulungen entweder an der Programmierung des Robotinos®, der Erstellung der Präsentation, der Zusammenfassung der Dokumentationen und damit der Zusammenfassung der technischen Details zu den Sensoren oder einer Bedienungsanleitung für das Programm Robotino®View arbeiten. Die Schüler könnten bereits in der ersten Phase der Erarbeitung der neuen Kenntnisse auf diese zweite Phase hinarbeiten, indem sie auch in dieser Phase die Aufteilung der Arbeiten entsprechend vornehmen. Dadurch würden an dieser Stelle zwar auch neue Gruppen entstehen, die Arbeit im Projekt wäre aber weiterhin arbeitsteilig und jeder einzelnen könnte seine begonnene Arbeit weiter führen. Zuletzt könnte eine abschließende, umfassende Dokumentation ihres Klassenergebnisses und damit ihres Lösungsvorschlages für die gegebene Problemstellung entstehen. Bei der vorgestellten Unterrichtseinheit fehlte diese Dokumentation leider.

Da die Bewertung der Schüler durch die drei verschiedenen Raster gut funktioniert hat, würde ich diese wieder einsetzen. Das Raster zur Beurteilung der Dokumentation muss, wie oben erläutert, dazu überarbeitet werden.

Während der Durchführung der Unterrichtseinheit kamen viele interessierte Kollegen auf mich zu und entwarfen mit mir zusammen gedanklich mögliche weitere Einsatzmöglichkeiten für den Robotino®. Der Einsatz wäre im Rahmen eines Unterrichtprojektes bei den Fachinformatikern der Fachrichtung Anwendungsentwicklung sicherlich interessant. Diese Schüler entwickeln in ihren Betrieben meistens Webanwendungen, so dass die Programmierung des Roboters in C++ und die zugehörige Aneignung der API eine gute Erweiterung ihrer Fachkompetenzen darstellen würde. In den Klassen der FOS ist im nächsten Jahr eine Projektwoche zum Thema Mobilität geplant, zu welcher der Roboter einen guten Beitrag leisten könnte.

Literaturverzeichnis

Baader, Reinhard: Lernfelder konstruieren – Lernsituationen entwickeln. In: Die berufsbildende Schule (BbSch) 55 (2003) 7-8, S. 210-217

Bundesministerium für Bildung und Forschung (BMBF): Berufsbildungsgesetz (BBiG). Bonn: 2005

Frey, Karl: Die Projektmethode. Weinheim und Basel: Beltz Verlag, 2007 (9. Auflage)

Gerlach, Petra: Aktuelle Lernkonzepte in der gewerblich-technisch Bildung - Bestandsaufnahme und theoretische Fundierung. bwp@ Sezial4 – HT2008, Bremen: 2008 URL: http://www.bwpat.de/ht2008/ft03/gerlach_ft03-ht2008_spezial4.pdf (28.04.2010)

Gudjons, Herbert: Handlungsorientiert lehren und lernen. Schüleraktivierung. Selbsttätigkeit. Projektarbeit. Bad Heilbrunn: Klinkhardt, 2001 (6. überarb. und erw. Auflage)

Hollmann, M.: Doppelt hält nicht immer besser. Düsseldorf: VDI Nachrichten 19.03.2004, S. 18

Industrie- und Handelskammer Weingarten: Kriterien für die Bewertung der Präsentationen während der Abschlussprüfungen IT-Berufe. 13.11.2003 URL: http://www.weingarten.ihk.de/artikel/download/merkblaetter/ausbildung/Bes_IT_Kriterien__Bewertung__Praesentation__Fachgespraech.pdf (24.04.2010)

Institut für Qualitätsentwicklung an Schulen in Schleswig-Holstein (IQSH) (Hrsg.): Grundlagen zur Ausbildung. Ausbildungsstandards. Ergänzungen für Fächer und Fachrichtungen. Themen der Module. Kronshagen: 05.07.2004

Kassner, Dieter: Projektkompetenz. Durchführung von Projekten in Schule, Aus- und Weiterbildung. Braunschweig: Bildungshaus Schulbuchverlage Westermann Schroedel Diesterweg Schöningh Winklers GmbH, 2009 (2., überarbeitete Auflage)

Kultusministerkonferenz der Länder (KMK): Rahmenlehrplan für den Ausbildungsberuf Systeminformatiker/Systeminformatikerin. Bonn: 16.05.2003

Neumann, Georg: Bewertung von Schülerleistungen in Projekten. o.O.: 15.10.2008 URL: http://www.wr-unterricht.de/seminare/projektbewertung-neumann.pdf (24.04.2010)

Petersen, A. Willi: Geschäfts- und Arbeitsprozesse als Grundlage beruflicher Ausbildungs- und Lernprozesse. In: lernen&lehren (2005) Heft 80, S. 163-174

Rauner, Felix: Gestaltung von Arbeit und Technik. In: Arnold, Rolf; Lipsmeier, Antonius (Hrsg.): Handbuch der Berufsbildung. Wiesbaden: Verlag für Sozialwissenschaften, 2006 (2., überarbeitete und aktualisierte Auflage)